现代家庭赏花 · 富贵竹

实用性极强的养竹摆放指导书，
通过摆放不同的物件、生活用品等，
以图解的形式，进行有针对性的环境说明，
具有一定的普及性。
养竹不仅能让养竹人体验到园丁的乐趣，
还能净化空气、美化环境，
同时在养花的过程中陶冶情操、修身养性，
成为现代都市人追求品质生活不可或缺的一项活动。

刘胜春 ◎ 著

海天出版社（中国·深圳）

图书在版编目（CIP）数据

现代家庭赏花·富贵竹 / 刘胜春编著.—深圳：
海天出版社，2016.9
ISBN 978-7-5507-1641-4

Ⅰ.①现… Ⅱ.①刘… Ⅲ.①石蒜科—花卉—观赏园
艺—图解 Ⅳ.①S682.2-64

中国版本图书馆CIP数据核字(2016)第112939号

现代家庭赏花·富贵竹
XIANDAI JIATING SHANGHUA·FUGUIZHU

出 品 人	聂雄前
责任编辑	顾童乔
	张绪华
责任技编	梁立新
封面设计	龙墨文化畫 0755-83461000

出版发行　海天出版社
地　　址　深圳市彩田南路海天综合大厦　　（518033）
网　　址　www.htph.com.cn
订购电话　0755-83460293（批发）　　83460397（邮购）
设计制作　深圳市龙墨文化传播有限公司　0755-83461000
印　　刷　深圳市希望印务有限公司
开　　本　787mm×1092mm　1/16
印　　张　10.5
字　　数　220千
版　　次　2016年9月第1版
印　　次　2016年9月第1次
定　　价　58.00元

序 言

为什么想写《现代家庭赏花·富贵竹》手册呢？因为我发现我买的养花的书上没有我种的植物，我觉得有点遗憾，所以我想用我的笔来填写这个空白。我还发现我周围的许多人，不论他们来自哪个省市，他们都喜欢在自家的阳台上种点花、种点菜，可能因为中国是个农业大国，人们耳濡目染从小就会学着种花、种菜。我的家乡湖南是个农业大省，在我的老家，许多人不仅会种花、种菜，还会种水稻、种莲子、种棉花，养鱼等。他们自己耕种，自给自足。

小的时候，我家也有个菜园子。工作之余，妈妈在菜园里种辣椒、红薯、苋菜、茄子、白菜等蔬菜。家里人时时在自家的菜园里采摘新鲜的蔬菜。我经常跟着妈妈在菜园里玩耍，看青蛙、蚯蚓，看白菜花、油菜花、南瓜花、黄瓜花等各种各样的菜花，捉蝴蝶、蜻蜓，摘枸杞。妈妈的菜园给了我童年许多的乐趣。长大后，我有了自己的家。我在自家的阳台上种满了花，花种得好的话，可以卖些钱，贴补家用。孩子们也喜欢我的花园，经常可以看到新鲜美丽的花。在繁华的城市，让他们回归自然，体验一下田园生活的安然与恬静。清代，有一幅《牧童晚归图》，就是反映当时田园生活的。一个牧童心情怡然竹笛在手，坐在牛背上，吹着竹笛踏上归家的路。我小的时候也喜欢吹竹笛子，喜欢音乐，所以喜欢上竹子，也喜欢上种竹子，竹子是我种得最多的植物（富贵竹属龙舌兰科龙血树属，虽然不是竹子，但我把它当作竹子），其次是兰花。我希望我写的赏花书能给喜欢养花的朋友们一些帮助。

我把采摘的富贵竹养在水中，摆放在家中不同的位置，与家私、家电等和谐搭配起来拍照。照片和简单的文字说明，小到一片叶子，都形象、具体、生动地反映了我们这个时代在深圳这个年轻的沿海开放城市，一个普通的深圳市民，一个普通的知识分子家庭的家居生活和文化，在此与大家沟通和分享。同时，我要感谢在出书过程中，给予我许多帮助的亲人、同事、朋友们，感谢他们的支持与鼓励，让这本书顺利地出版。

刘胜春

2016年1月29日

目 录

无　题

　　我的家乡是个山清水秀的地方，随处可见竹影。社区花园里，一大片竹林，农家小舍旁，一两枝竹枝，潇潇洒洒，飘飘曳曳，总让我流连忘返。大学毕业后不久，我因工作来到了深圳。深圳是南方一个沿海开放城市，离它不远的广州素有花城的美誉。这里的人们逢年过节都喜欢逛花市，尤其是春节的迎春花市。桃花、银柳、君子兰、富贵竹、巴西铁树、年橘、菊花、茶花、水仙花等等各种各样的花卉，争奇斗艳，烘托出节日的气氛，好像在演奏一首非常棒的"春之声圆舞曲"。

　　我喜欢逛春节的花市，喜欢在繁花锦簇的花海里漫步，看遍万绿千红，尽赏名花名草。我喜欢挑选几枝深绿色的富贵竹、粉红色的桃花带回家中，装饰自家厅堂。富贵竹，多好听的名字，新年伊始，就带给我富贵、平安的感觉。富贵竹竹叶肥大，带点椭圆形，叶尖细长，极具观赏价值。因名为富贵竹，意喻富贵、平安、吉祥，不招蚊虫，非常适合家庭和办公室种植。可以土种，也可以水养，闲暇时间，我总爱打理富贵竹。

我工作非常忙。先前我是做外贸工作的，朝九晚五的白领一族，在写字楼里忙忙碌碌了十多年。我把积攒下来的工资做了些合理的投资，赚了点钱后，我辞去了工作。我想在家带带孩子，养养花，弹弹琴，听听音乐，看看书。为了营造良好的生活学习环境，我在家里东西两面的阳台上种满了植物，富贵竹、蝴蝶兰、仙人柱、巴西铁树、芦荟等等。我的孩子伴着书香琴声一天天长大，我的花也一天天长大，越长越靓。邻居说我家阳台上的花好漂亮，他们喜欢我种的花。我的花是怎么种得这么美的呢？我把养花的经验告诉大家，希望大家和我一样种出美丽的花。

在高层住宅的阳台养花

　　我家有东西两个阳台，因为住在18楼，楼层比较高，为了安全，所有的阳台我都加固了隐形防护网。东边客厅外的阳台，呈半圆弧形，约4平方米，可以放置盆栽的花卉。西边餐厅门外有个小露台，是露天伸出门外的，小露台长2.5m左右，宽0.5m左右，深0.4m左右，有个1.2m高的长方形粗铁护栏。因为一年四季阳光、雨水充裕，所以西边小露台的花长得比东边阳台的好一些。富贵竹为多年生常绿小乔木观叶植物，属龙舌兰科龙血树属，主要作观赏植物，茎节貌似竹却非竹。虽然富贵竹似竹而非竹，但是，在我心里它就是竹。中国有"花开富贵，竹报平安"的祝辞，富贵竹象征着"大吉大利"，深受人们喜爱，又因为是上好的插花材料，同荷兰的郁金香一样，颇受国际市场欢迎。因为喜欢，我把家里阳台的大部分地方都用来种富贵竹了。

小露台上种富贵竹

　　我先去花店买了小型的家庭种花用的铁锄头、铁铲子，上面有塑料把的那种，然后带上橡胶手套，防止种花过程中弄伤手。我在大南山脚挖了些土回来，再到小区花园挖点土，混在一起备用。先铺10cm左右高的土在小露台底面，再把长了根的富贵竹放在第一层土上。然后再铺20cm左右高的土，把根稳在土里后，靠近根部浇些水。扶正根后，再在根部铺些土，再靠近根部浇些水。几天后，根就会稳在土里，这时可以从上往下大面积地浇水了。土不可以与露台顶面齐平，要离顶面有6cm左右的距离，不然下雨天会有泥水流至楼下邻居家，种花苗的时间最好是春天，秋天也可以，夏天冬天栽种花苗成活率比较低。

春天的富贵竹干、叶深绿清新，带着春天的气息，少见黄叶，非常美丽。正月过后，可以采摘富贵竹的尖、茎干、叶做插花。富贵竹林修剪后，清明前后，有许多新芽从土中冒出。春天的阳光、雨水、空气都非常适合新芽成长。初春冒出的新芽，生长速度快的，到初夏能长到40cm左右，一年不到就可以长到1m多高，而且茎干粗壮，竹叶肥大，这是手栽花苗不能比的。手栽花苗长得快的要一年半才长1m左右，而且茎干要细一些，竹叶也要小一些。精心修剪新芽附近的枝叶，把长得纤细的、长得缓慢的枝叶剪去，两年多后，可以培养出非常棒的竹王。新芽一般会在初春冒出，但是深圳的冬天比较暖和，有时有近20摄氏度的温度，所以也会有少量新芽从土中冒出。盆栽的富贵竹也会有新芽从土中冒出，这同小露台是一样的，只是数量要少一些。因为花园的容积，花园的土壤养分是固定的，所以要时常打理花园，择优选枝，让新芽新枝健康成长。

初夏的富贵竹依旧如春天时一般美丽。因为初夏雨水比较充裕，淅淅沥沥的雨水把富贵竹的枝叶洗得非常干净。雨后初晴，富贵竹叶片沾着雨珠，还有些许小蜗牛在叶片或土面上爬行。阳光下叶片在微风中轻轻地晃动，美极了。这个季节的富贵竹是一年中最迷人的。端午后，小暑间，有的竹叶会出现黄色的叶尖，但顶端的竹尖还是深绿色的，没有一片黄叶。

秋天的富贵竹长得比盛夏时要快一些，不断地抽出新鲜的竹尖，但秋天雨水比较少，绝大部分时间要依靠人工浇水。深圳的冬天比较暖和，但气温比秋天还是要低一些。冬天的富贵竹生长速度放缓，虽然顶部的竹尖依然是深绿色不见黄叶，但其他的竹叶出现黄色的叶尖比别的季节要多一些，个别的富贵竹会整枝茎干变黄中空死去，这时要把整枝黄竿剪去。因为富贵竹长得比较高大，所以在竹根底部土壤的间隙中，我有栽种仙人柱和芦荟等绿色带刺的植物。仙人柱和芦荟在小露台一般长至1m左右，这样既不影响富贵竹的生长，又可以挡灰尘和净化空气。所以在阳台上种植适当的花卉，有益于家居生活。

上半年的富贵竹，因为阳光、雨水、空气等原因，颜色要深一些，下半年的富贵竹颜色要稍浅一点。但总体而言，富贵竹一年四季常绿，即使冬季，许多植物凋零，黄叶随风飘落，你依然能看到一片深绿可人的小"竹林"，在冬天里给人们一道亮丽的风景，让人们可以尽情地欣赏大自然的馈赠，享受自然的美景。绿色，那是生命的色彩。冬天来了，春天还会远吗?

▲ 阴天拍摄的西边露台富贵竹
小竹林竹尖及隐形防护网

▲ 小露台上美丽的新竹芽

▲ 小露台上美丽的新竹芽

▼ 西边露台美丽的竹王竹尖

◄ 下午4点半，阳光照射下
的西边小露台竹林竹尖

▶ 下午4点半，透过露台竹林间隙拍摄的阳光

▲ 阳光下西边露台
的小竹王

▲ 阳光下西边餐厅玻璃
门外的小竹林

19

▲ 多云天气拍摄的西边餐厅
玻璃门外的露台小竹林

▶ 摆放在露台边的宝宝
脚蹬滑车

▲ 多云有阳光，摆放在
　露台边的宝宝单车

▲ 多云天，摆放在露台边的
塑料小板凳

◄ 多云天，摆放在露台
边的宝宝滑板车

▲ 多云有阳光，室内的巴西铁树，
室外的露台小竹林

➤ 多云有阳光，摆放
在露台边的红色塑
料方凳，欣赏竹影

▲ 玻璃餐桌上摆放着电热水壶和过滤水杯，
欣赏玻璃桌上的竹影

▲ 玻璃餐桌上摆放着过滤
水杯、装冷开水的塑料
杯及家用喝水的瓷杯，
透过它们欣赏竹影

▲ 下午阳光照射下，露台的富贵竹
映到白墙上的竹影。餐厅墙壁上
面悬挂的是一幅杉树林的油画

▲ 深夜1点左右仰视拍摄。月光下，
种在露台的富贵竹王

◀ 下午4点半，透过餐厅一角
的巴西铁树和餐厅玻璃门外
的露台竹林间隙拍摄的太阳

初春，楼上邻居家的红色
簕杜鹃（深圳的市花）和
露台小竹林竹尖

▲ 初春，刚修剪过的露台竹林，
茎干在切口顶端长出新芽

▲ 初春露台竹林，竹王茎干
在切口处顶端的1、2个
节点处长出新芽

▲ 初春下午阳光下
的露台茎干和土

▲　正月下午，阳光下的露台
　　竹林粗铁护栏，隐形防护
　　网和邻居家的黄色菊花

▶ 种花用的小铁铲、
小铁锄和小铁耙

初春下午阳光下，楼上邻居家
的簕杜鹃和露台竹尖

37

▼ 春雨过后，楼上邻居
家的簕杜鹃飘落到我
家露台竹林的枝叶间
及泥土上

▼ 来我家露台竹林玩耍的喜鹊

◣ 春天下午的阳光下，来
　露台竹林玩耍的喜鹊

▲ 初春下午的阳光下，露台竹尖及细铁护栏

▲ 餐厅的灯和餐厅玻璃门外的露台竹林

餐厅露台春天的富贵竹
近距离特写

▲
▼ 餐厅露台春天的富贵竹近距离特写

▲ 初夏，下午2点左右，雨后初晴拍摄的富贵竹

▲ 下午2点左右，雨后初晴，
拍摄的阳光下的富贵竹、
铁护栏、隐形防护网

 ▲ 下午2点，垂直拍摄阳光下的露台新竹王，土壤间隙中栽种着芦荟

▲ 下午2点，水平拍摄阳光下的露台小竹王，
土壤间隙中栽种着仙人柱、芦荟

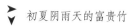 初夏阴雨天的富贵竹

◄ 初夏竹叶会出现黄色的
▼ 叶尖，竹叶上有点灰尘

▲

多云天拍摄的新竹王

▲ 下午多云见阳光，仰视拍摄的露台竹尖

▲ 初夏阴雨天的富贵竹，近距离特写拍摄

▶ 初夏阴雨天的富贵竹，近距离
特写拍摄

▲ 初夏阴雨天的富贵竹，近距离特写拍摄

▲ 初夏中雨停后不久拍摄的露台富贵竹

▲ 初夏中雨停后不久拍摄的露台富贵竹

◀ 初夏中雨停后不久拍摄的露台富贵竹

◄ 初夏中雨停后不久
拍摄的露台富贵竹

▲ 初夏中雨停后不久拍摄的露台富贵竹

▲ 透过沾有雨珠的玻璃门
拍摄的露台小竹王

透过沾有雨珠的玻璃门拍摄的露台小竹王

▶ 初夏雨后，几缕阳光照射下的富贵竹

◀ 初夏雨后几缕阳光照
　射下的富贵竹

▲ 初夏雨后几缕阳光照射下的富贵竹

▶ 初夏雨后几缕阳光照
射下的富贵竹

▲ 下午2点左右阳光下的露台新竹王

▲ 下午2点左右阳光下的露台新竹王

▲ 下午2点左右拍摄，阳光下西边露台的小竹林

下午2点左右拍摄，阳光下西边露台的小竹林及周围的高层建筑物

▲ 下午2点左右拍摄，阳光
下西边露台的小竹林及周
围的高层建筑物

▶ 下午2点左右拍摄，阳光下
西边露台的小竹林及周围
的高层建筑物

盆栽富贵竹

种植盆栽富贵竹的时间是以春季、秋季为宜，夏季、冬季盆栽富贵竹成活率低且生长速度非常慢。可以选用塑料盆或者瓷盆，盆的底部一般有1至6个小孔。先用小石头或小碎瓦片盖在小孔上，再往盆底铺土。土铺至1/4的盆高时把带根的富贵竹种下，再继续从根部开始铺土，土铺至盆高3/4左右可以不再铺土。靠近根部浇水，要浇透至有水从底部渗出到盆底的托盘，见托盘有水渗出即可停止浇水。刚开始时，水最好不要浇太多，要适量浇，几天之后即可复盆。盆栽富贵竹因为土壤的透气性没有露台好，再加上阳光、雨水等自然因素，长势不及小露台栽种的富贵竹，但是它可以放在书房客厅一角或办公室一角。我在中国银行的大厅见过盆栽的大盆富贵竹，高可至2.5m左右，尤其是放在财气位上，不仅可以美化家居和办公环境，净化空气，还可以增添好的运势。因为富贵竹是著名的风水花，家居生活的摆设离不开风水学。植物摆放在家里或办公室的具体位置，要适当参考风水书，有条件的可以请风水师指导。闲暇时，我会买几本风水书看看，根据家里房子、大门的朝向来摆放富贵竹。盆栽富贵竹适合放在客厅背面的财气位上，家里财气位的花最好用土养，因为土能蓄财，高2m～2.5m，比屋顶稍矮一点就可以了。书房的财气位也可以放置盆栽富贵竹。

俗语说：山管人丁，水管财。进门见水家里财运比较好。水养瓶插的富贵竹适合放在大门入门口的向面，寓意进门迎水，招财入室。卧房一般不适合摆放植物，个别植物例外。把富贵竹放在家里适当的位置，不仅可以使家居优雅美丽，还可以净化空气。因为它是深绿色的植物，光合作用后，吸收二氧化碳，放出氧气，让你感觉空气非常好，心旷神怡。经常观看绿色植物对眼睛视力也比较好。

竹子节节高，寓意家运节节高，年年好，可以增旺家里的运势，"竹报平安，花开富贵"，所以它深受人们的喜爱。

▲ 朝阳下摆放在客厅的大盆
　富贵竹及东边的大阳台

朝阳下摆放在客厅的大盆
富贵竹及东边的大阳台

养在客厅里的盆栽富贵竹尖

▲ 刚种的盆栽富贵竹

▲ 初夏上午10点多钟拍摄，阳光下
东边大阳台盆栽的富贵竹

①

②

①② 初夏上午10点多钟拍
摄，阳光下东边大阳台盆
栽的富贵竹

▲ 初夏上午10点多钟拍摄，阳光
下东边大阳台盆栽的富贵竹

▲ 初夏小雨后，大阳台上盆栽的富贵竹

▲ 初夏小雨停后不久，在大阳台
拍摄的盆栽富贵竹

早上6点多钟，晨曦中东边大阳台的盆栽富贵竹及周围的高层建筑物

早上6点多钟，晨曦中东边大阳台的盆栽富贵竹及周围的高层建筑物

◄ 早上6点多钟，晨曦
中东边大阳台的盆
栽富贵竹及周围的
高层建筑物

95

早上6点多钟，晨曦中东边大阳台的盆栽富贵竹及周围的高层建筑物

◄ 早上6点多钟，晨曦中东边
大阳台的盆栽富贵竹及周
围的高层建筑物

早上6点多钟，晨曦中东边大阳台的盆栽富贵竹及周围的高层建筑物

▲ 早上6点多钟，晨曦中东边大阳台的盆栽富贵竹
　及周围的高层建筑物

水养富贵竹

　　修剪下来的富贵竹是上好的插花材料，可以只用富贵竹插，也可以与其他花一起插。但鲜花比较容易凋谢，一两天后，花瓣就开始枯萎凋落。而富贵竹养在水中，可以成活好几年，这是别的插花不能比的。正因为富贵竹不容易死亡，剪后一个月内如果用水保养，它依旧能保持刚剪下时的新鲜美丽，所以可以空运出国，远销欧美，在国际插花市场上深受欢迎。

　　修剪下来的富贵竹有非常棒的竹尖、没有叶的茎干和竹叶，可以根据长度、粗细选用不同的玻璃瓶、塑料瓶或瓷盆水养做插花。竹尖是带茎干又带顶端枝叶的，长

90cm左右，比较重，可用高25cm左右、直径9cm左右的瓶盛水，水装至离瓶口6cm处就可以了，我是两枝插在瓶中的。也可以用高25cm左右、直径16cm左右的装高粱酒的大酒瓶做插花瓶。这种大酒瓶至少可以插4枝以上的竹尖，均匀放置，效果非常美。没有叶的茎干，长50cm~60cm，比竹尖要轻一些，可以选用高15cm左右、直径6cm左右的瓶盛水，两枝插在瓶中，水装至离瓶口4cm处即可。如果用高粱酒的大酒瓶插茎干，可以插10枝左右，均匀放置，待茎干端长出新芽新枝叶后，就非常美丽了。你也可选用专门的插花瓶来插竹尖、茎干，用透明的玻璃瓶、塑料瓶整体效果会更好。透明玻璃瓶的尺寸有的同实验室用玻璃瓶的高度、直径差不多。实验室用的透明玻璃器皿可以参照插花瓶的尺寸来定做，这样可以给实验带来些便利。

竹叶洗净后，可以用肯德基、麦当劳的塑料饮料杯来插，也可以用空的食物瓶（如装辣椒酱的玻璃瓶）来插。

高12cm左右，直径8cm左右的瓶，敞口型的，水放至离瓶口4cm处即可，插入几片绿色的洗净的竹叶，按照自己喜欢的形状做成小型插花。插花用的水都不能装满至瓶口，否则富贵竹插下去后，会有水溢出。水面一定要和瓶口有4cm左右的距离。

无论你是插竹尖、茎干还是竹叶，无论你选择大的、昂贵的瓶，还是小的、便宜的瓶，富贵竹都能给你的家居生活带来美丽和乐趣。生活中的美要自己去寻找和发掘，简简单单源于自然的美就是最美的。

没有叶的茎干还可用瓷盆水养作开运竹。把没有叶的茎干剪成若干枝10cm、20cm、30cm、40cm左右的短茎干，中间放置2~4枝40cm左右的茎干，用红线捆住，外围再加8~10枝30cm左右的茎干，用红线捆住，次外围再加16~20枝20cm左右的茎干用红线捆住，最外围再加约40枝10cm左右的茎干用红线捆住，围成圆形塔状的开运竹，加水放在瓷盆中，这是比较小盆的4层开运竹。

瓷盆高6cm左右，直径20cm～40cm。也可以选用更大直径的瓷盆，瓷盆高都差不多，要看你的塔状开运竹要做多大多高。越高越大的开运竹用的瓷盆直径也要成比例增长，一般盆高6cm～10cm就可以了。塔状的开运竹在新年的迎春花市深受人们的欢迎，一盆盆节节高，带着许多清新的嫩绿新芽，用红线系朵红色的花在竹体中间，倍添节日气氛，意喻新春伊始，工作生活运势好，节节高，日子红红火火，富贵吉祥，迎春接福。

插花用的水可以直接用自来水，我是直接用自来水插富贵竹的，竹也长得非常好看，成活率极高。茎干粗壮，竹叶肥大的竹王吸收的水分要多一些。一般插花的切口选用斜切口，富贵竹我是平切口的。因为富贵竹的生命力比较强，平切口也可以吸收足够的水分。用大的高梁酒瓶装水至瓶高一半即可，因为瓶比较重，水装太满，换水时水瓶搬来搬去易打碎，所以水至瓶高一半就够了。要经常换水，否则有的水瓶中会出现几只1cm左右的黑色蚊子幼虫，在水中蠕动。冬季较冷的时候，一般没有，夏季炎热的时候，出现纹子幼虫的情况比较多。一般一周换一次水，有时间一两天换一次水也可以，夏天要换得更勤一些。

刚剪过的富贵竹王洗净后放在插花瓶中，生长速度快的，一个星期左右能长出白色的根，一个月左右根会带点浅绿色，两个月左右会出现棕红色的根。如果一直用水养在瓶中，根就一直是棕红色的，放在白色的透明的玻璃瓶或塑料瓶中，棕红色的根也甚是美丽。根不要经常修剪，任由其吸收水分、养分，这样竹尖就会长得很慢，富贵竹就能保持刚剪下时的模样，刚剪时的竹王是最美丽的。一般竹王水养几个月都不会出现大的变化，要4个月后才会在顶端长出第一片新叶，叶片只有刚剪时的竹叶的一半大。水养富贵竹，竹尖生长缓慢，远比不上用土种在小露台长得快时。4个月后，顶端的茎干慢慢地越长越细，竹叶慢慢地越长越小，比不上刚剪时的竹王了。我有两枝竹王在水瓶中养了快5年了，依旧美丽。只是顶端的茎干没有刚剪下时那么粗壮，会细一些，叶片也不再似刚剪下时那么肥大，只有一半那么大了。

没有叶的茎干做插花，长得快的，25天左右，就会在顶端冒出新芽。茎干长新芽，大多数是在顶端的一两个节点长出，少数也有在中部长出新芽，极个别的会在底部长出新芽。生长速度快的2个月左右，新芽就会超过20cm长，以后生长速度放缓，根依然不要经常修剪。

竹叶水养做插花最长能养活一年，中间会有竹叶黄掉死去。把黄叶扔掉，留下绿叶继续养在水中。一般来讲，竹叶是不会长根的，但极个别的竹叶也会长根。我尝试过把长了根的竹叶养在土里，但竹叶没有成活。

长了根的富贵竹不论竹尖、茎干都可以用作花苗养在土中。是土养，还是水养，依个人喜好而定。富贵竹极其适合养在家中或高级写字楼里，美化家庭和办公环境，还带来清新的空气。

▲ 水养富贵竹的瓷花瓶

▲ 大门口鞋柜上摆放的富
贵竹插花及佛香、仙湖
弘法寺的寺庙捐赠盒

◄ 大门口鞋柜上的富贵竹
前摆放宝宝学习机

▲ 在下午阳光下大门入口处的童车和鞋柜上
摆放的富贵竹，摆拍

▲ 中间是富贵竹右上方为家里的电源总开关箱，
右下方是大红色的剪刀和檀香

▲ 水养富贵竹前摆放
的婚纱合照

▲ 盆栽富贵竹前摆放仕女图相框和黑白合照油画
相框，左右各一个棕色的小盒子为仙湖弘法寺
的捐赠艾香礼盒

▲ 主卧房里的富贵竹，上方是两人合照

▲ 水养富贵竹前摆拍：左边为插U盘
可以放音乐的音乐播放器，右边为
口琴及琴套

▲ 水养富贵竹前摆拍：
合照和3张女主人单照

▲ 水养富贵竹和客厅的
电子琴摆拍

▲ 摆放在客厅的电子琴和
水养富贵竹摆拍

▲ 水养富贵竹和冰箱摆拍

▼ 下午阳光照射下的
杉树林油画及富贵
竹摆拍

▲ 摆放在大门入口处沙发茶几上的水养富
　贵竹，安装在白墙上的是小区管理处的
　监控仪器

▲ 电视机柜上的水养富贵
　竹，透明玻璃瓶是装红
　高粱酒的大酒瓶

▲
◀ 富贵竹茎干在顶端的
　节点处长出新芽

▲ 玻璃餐桌上的水养竹叶

◀ 玻璃餐桌上的水养竹王

◀ 竹王竹尖

◆ 玻璃餐桌上的水养竹王竹苗

▲ 俯视拍摄富贵竹叶插花

▼ 俯拍富贵竹叶插花

客厅水养竹叶放在彩色小桌上

▲ 客厅水养竹王竹苗

▼ 客厅水养竹王

▲ 茎干长出新枝约20cm

▲ 客厅拍摄富贵竹王竹尖、电话及水养茎干

▼ 入门口处的水养富贵竹

▲ 入门口处的水养富贵竹

▲ 水养的富贵竹王茎干长出新芽

▲ 刚剪下用水洗净的竹王竹尖

▲ 大门口的水养富贵竹及悬
挂在餐厅白墙上的杉树林
油画和空调摆拍

▲ 富贵竹茎干在顶端的第一个节点处长出新芽

▼ 富贵竹新芽长出一寸左右长

▲ 多云天拍摄的水养富贵竹王

▲ 多云天拍摄的水养富贵竹王，茎干的新芽长了约20cm

打理花园

　　西边露台的富贵竹小竹林因阳光、雨水充沛，生长速度比东边阳台盆栽富贵竹要快，我一般两个多月就要修剪一次。修剪的前一天，我要给花园浇水，要把花园浇透，这样剪下后的富贵竹竹尖、茎干、竹叶能保留足够的水分，剪下后的一两天内看上去新鲜，不会枯萎。我会先剪去最高的竹尖，如竹尖长到屋顶高2.9m左右,我就会先剪去0.9m左右的竹王竹尖，竹尖是带叶、带干的。再往下剪去0.6m左右的茎干，把茎干上的叶剪掉。剩下的部分如果茎干粗壮，极具观赏价值，我就把竹叶剪掉，把茎干留在小露台作观赏用。因为小露台有个1.2m左右高的粗铁护栏，剩下的茎干剪至1.2m左右同护栏差不多高，错落有序地排列在小露台上，仿佛竹制窗帘。为了保证小竹林的雅致美丽，我会把细的、长得不太好的茎干，从底部剪去。因为小露台的土壤养分水分是一定的，这是要保证长势较好的富贵竹能充分吸收土壤里的养分水分。新剪后留在露台的茎干，长得快的，20多天后，会在平切口的顶端的一两个节点长出新芽。新芽继续往上长，长到快至屋顶高的时候，我又会剪去上面的竹尖，继续剪去不好的枝叶。叶要一片一片地剪，这需要一些耐心。因为小露台的土壤养分水分是一定的，你一定要剪去一些长得纤细、不太美观的枝叶，这样才能保证竹王等长势良好的枝叶充分吸收土壤中的养分水分。如此这样反复修剪，竹越长越美，竹林越看越靓，竹尖俊美、茎干粗壮、竹叶肥大。我可以在家中尽情地观赏自家的小竹林。修剪后的小竹林，两个多月后又会长得郁郁葱葱，枝繁叶茂。富贵竹的这种生命力、生长速度是一般植物不能比的。

我家盆栽的富贵竹放在客厅，一般养至约2.5m高时，我会剪去上面60cm ~ 80cm长的竹尖，下面的茎干我会把叶全部剪去，这样余下的竹尖就可以从土壤中吸收更多的养分水分，继续往上长。如此反复修剪摘尖，盆栽富贵竹一般一盆种26枝左右。

因为东边的大阳台下半年没有太阳光，而且风大，富贵竹长高了就会被风吹倒。所以盆栽富贵竹是放在东边大阳台的，一般一盆种10枝左右的富贵竹，长到1m多高，我会剪去顶端60cm左右的尖。剪后的茎干一个月左右会在切口顶端的一两个节点处长出新芽，继续往上长。或者整枝富贵竹从底部剪去，要看看怎样修剪，整盆富贵竹看上去比较美观。如果是春天修剪的话，还会从土中冒出新芽。新芽生长速度要快好多，枝叶也粗壮些。

我养了近20年的富贵竹，可能手气比较顺，我养的富贵竹极少有虫斑，不招蚊虫，我几乎没去花店买过杀虫药。如出现黄斑的枝叶，我就整枝从底部剪去，不久就会长出健康翠绿的新芽了。

修剪后的竹尖、茎干、竹叶可以给鲜花店做插花材料。鲜花店里几片竹叶，精心修剪装饰后，都可以卖个好价钱。在许多城市消费水平较高的地方，鲜花店生意兴隆。人们有这样的消费能力去购买一束新鲜美丽的花送人或养在家里，给平淡的家居增添优雅和闲情逸致。荷兰的郁金香，是世界闻名的插花，同富贵竹一样，深受国际市场的欢迎。

富贵竹喜水喜阳光，如能有雨水更好，风调雨顺的话自然省事，如果雨水不够就要自己浇水。我把家里的淘米水或洗莲子、花生、黄豆等的水用个大点的盆装着，均匀地浇花，淘米水等浇完不够时，再用盆接自来水浇，直至土壤湿润为止。

花园里会有一些杂草，每次修剪花园我都会用手拔除。我每次都带一双橡胶手套，这样剪花除草时不至于弄伤双手。这些杂草有土壤带来的，还有小鸟带来的。我家的花园经常有小鸟光顾，它们在花园中跳来跳去，叽叽喳喳地叫着，有时还会拉屎。如果鸟屎中有别的植物的种子，花园中就会长出别的花草。我每次都会除草，但几个月后草又长出来，因为有的根留在土壤中，除不尽。有的连根除尽后，小鸟又会拉屎在土里，又长出新的杂草。剪枝除草要耗我许多时间，有时要大半天。一分辛劳一分美丽，只有付出才能收获美丽。

初冬刚修剪后的露台竹林

145

初冬刚修剪后的露台竹林

▲ 下午阳光下刚修剪过的露台
   竹林、竹尖、茎干

▼ 下午阳光下刚修剪过的露台竹林、竹
   尖、茎干，下面的竹叶全部剪掉了

富贵竹的繁殖

我一般选用竹王的茎干做花苗，选用最优秀的母体去培养最优秀的花苗。把竹王的茎干去叶，剪成20cm左右长，用瓶子养在水中，一个星期左右就会长出白色的根，一个月不到会在顶端的节点长出新芽，新芽10多天后可长10cm左右，这时就可以移种到土里。盆栽一般大盆的26枝左右做一盆，中盆的10枝左右做一盆，移种到西边露台小花园的要栽种在土壤间隙中。一般春、秋两季移种花苗，提前一个多月把茎干剪下，用高20cm的玻璃瓶或塑料瓶养在水中，长出根冒出新芽后，移栽至土中。夏季、冬季花苗不易成活，花苗有的会变黄中空死去。移栽的竹苗长至1m左右，如生长速度不快，长势不够好，你可以从底部剪去整枝，竹以后会有些许新芽冒出。新芽生长速度远远快过移栽的竹苗，精心修剪，两年多后就可以培养出一枝茎干粗壮、竹叶肥美的竹王。

春天的富贵竹，竹叶鲜嫩翠绿，清新可人。深的深绿，浅的黄绿，美极了。精心修剪，叶尖几乎没有黄叶，都是新绿色的。一年四季我的家中都有一片绿色的竹林，而我整天置身于这片小花园里，乐于竹，乐于花，闲暇时间弹弹琴看看书，其乐无穷。如果家里有个美丽的花园，你可以整天呼吸新鲜的空气，观赏最美丽的竹王，那么生活会平添许多乐趣，甚至能听听鸟鸣，宛若置身于山林之中。

我用我的视角，拍摄了许多富贵竹不同季节、不同时期的照片。摄影，捕捉生活中最精彩的瞬间，可遇而不可求的美丽瞬间。春天的新芽，初夏的富贵竹，夕阳中的富贵竹林，月光下的富贵竹等等，这些美丽的照片附在书中，与大家共赏。

①②③④ 透明玻璃瓶、塑料瓶中，
水养富贵竹的根

①

②

③

④

▲ 刚剪后的富贵竹养在水里一
个星期后会长出白色的根

▼ 下午阳光照射下
水养富贵竹的根

➤ 茎干会在顶部长
新芽，有的会在
中部长新芽。还
有种花用的红色
橡胶手套

▲ 水养的竹王竹苗

▲ 水养的竹王竹苗

现代家庭赏花·富贵竹